商业纸制品设计丛书

纸盒包装设计

邵连顺　王英钰　著

辽宁美术出版社

图书在版编目（ＣＩＰ）数据

纸盒包装设计 ／ 邵连顺等著. －－ 沈阳：辽宁美术出版社，2014.5

（商业纸制品设计丛书）

ISBN 978-7-5314-6050-3

Ⅰ. ①纸… Ⅱ. ①邵… Ⅲ. ①包装容器-包装纸板-包装设计 Ⅳ. ①TB484.1

中国版本图书馆CIP数据核字（2014）第084164号

出 版 者：辽宁美术出版社
地　　址：沈阳市和平区民族北街29号　邮编：110001
发 行 者：辽宁美术出版社
印 刷 者：沈阳市鑫四方印刷包装有限公司
开　　本：889mm×1194mm　1/32
印　　张：9.5
字　　数：180千字
出版时间：2014年5月第1版
印刷时间：2014年5月第1次印刷
责任编辑：苍晓东　李　彤
封面设计：范文南　洪小冬　苍晓东
版式设计：邵连顺
技术编辑：鲁　浪
责任校对：李　昂
ISBN 978-7-5314-6050-3
定　　价：50.00元

邮购部电话：024-83833008
E-mail：lnmscbs@163.com
http：//www.lnmscbs.com
图书如有印装质量问题请与出版部联系调换
出版部电话：024-23835227

contents

目录

本书作为详细介绍包装纸盒结构的工具书，以实用的范例为设计师和自学者提供一套完整而简便的学习方法。目前许多从事纸盒包装设计的技术人员对生产程序了解有限，致使一些设计样品在生产加工时遇到一些问题，既增加了制作成本，又使糊盒速度减慢，所以改进和提高设计水平将大大提高生产效率，节省可观的成本，或创造出新的盒形……

INTRODUCTION 简介

办公用品盒

bangongyongpinhe

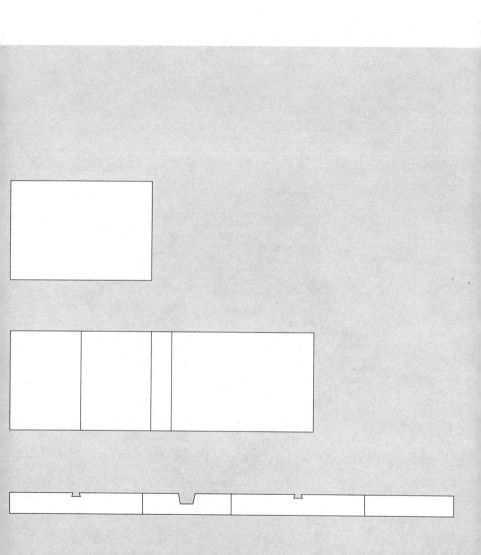

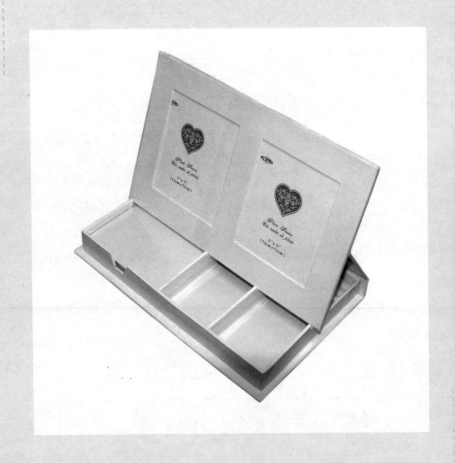

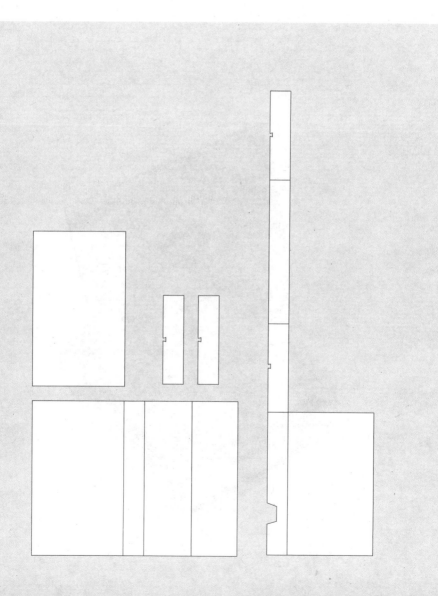

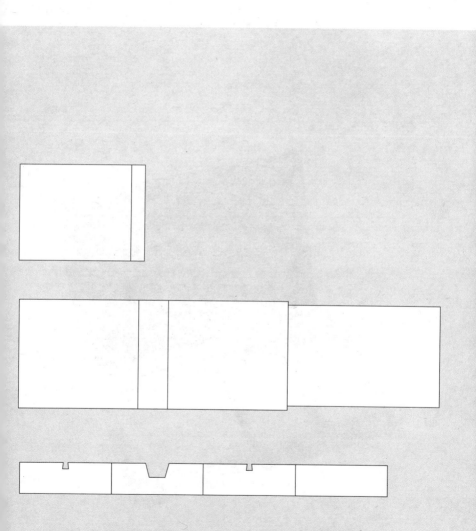

办公用品盒
BAN GONG YONG PIN HE

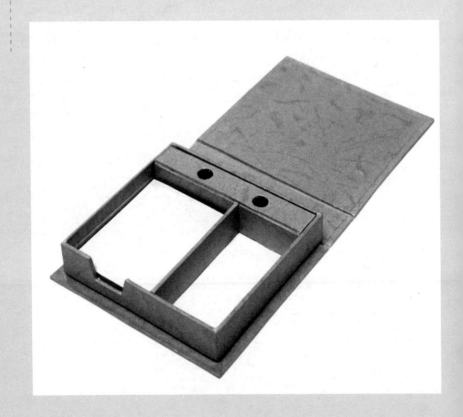

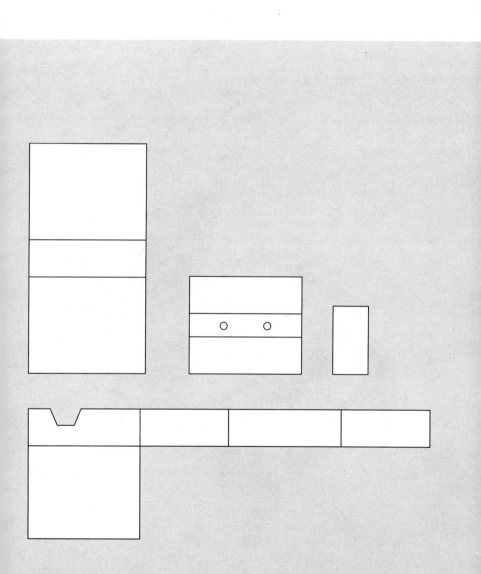

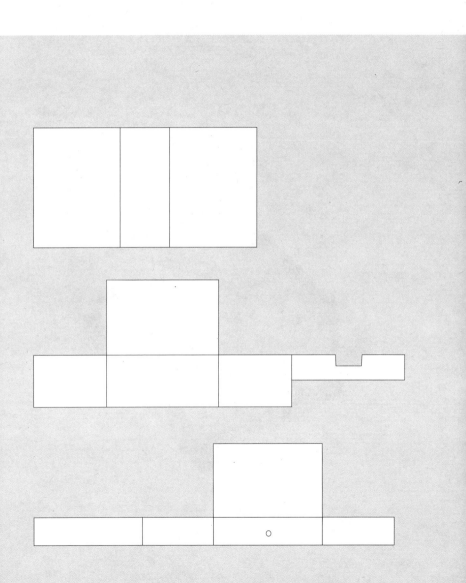

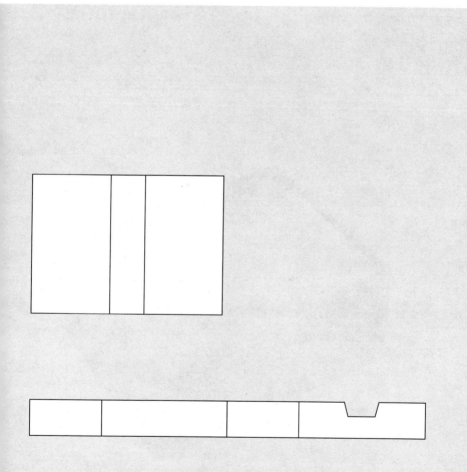

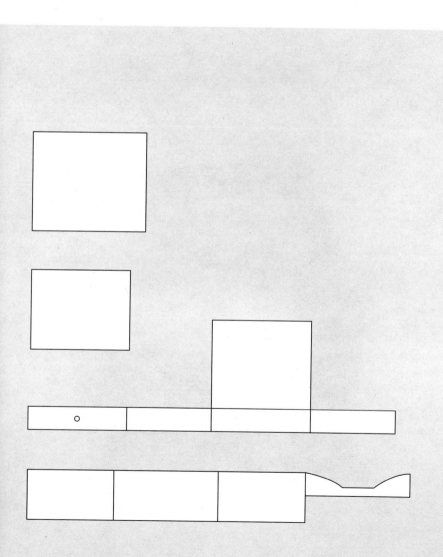

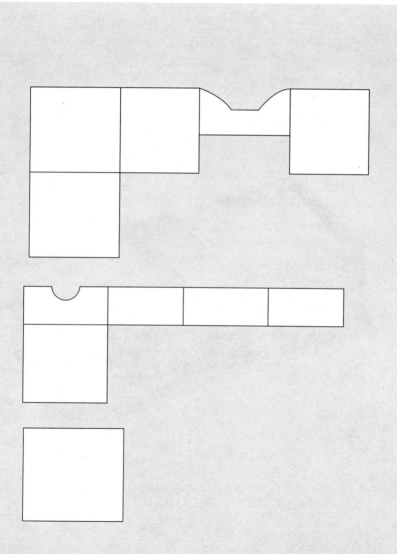

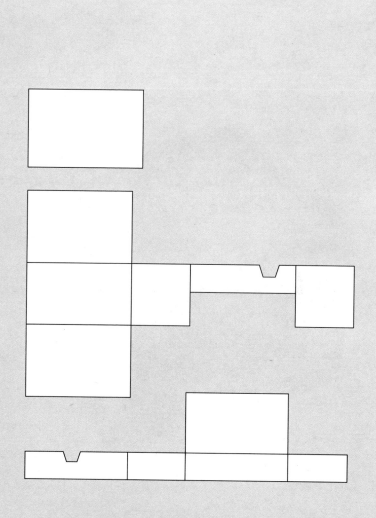

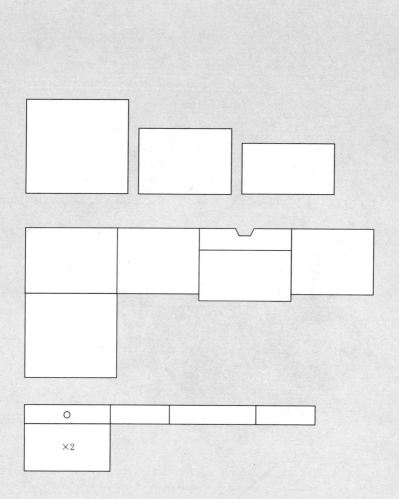

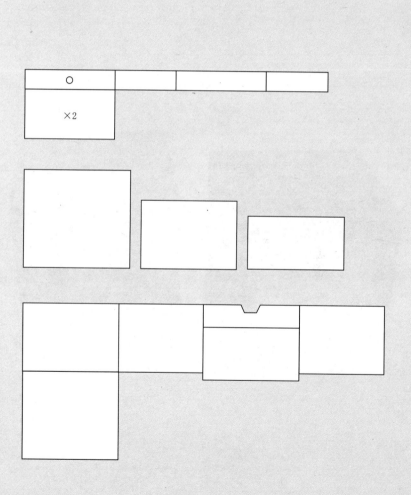

办公用品盒
BAN GONG YONG PIN HE

办公用品盒
BAN GONG YONG PIN HE

办公用品盒

BAN GONG YONG PIN HE

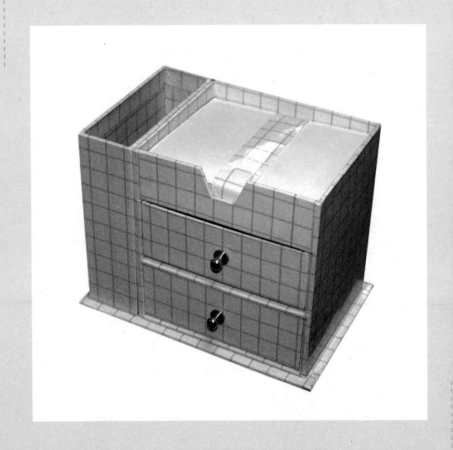

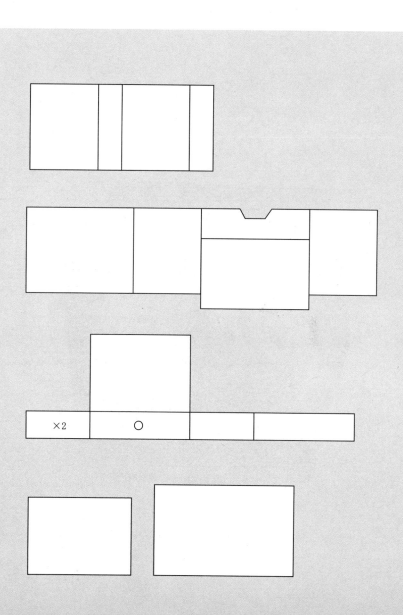

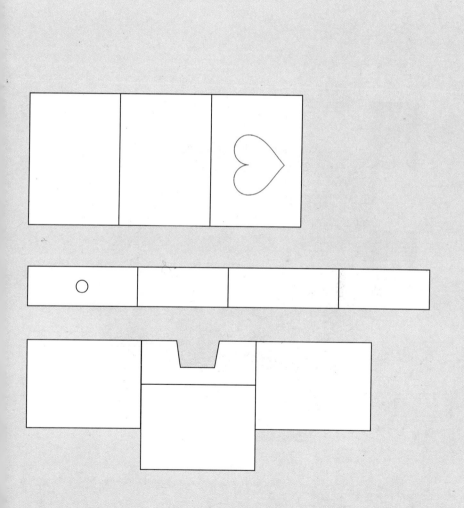

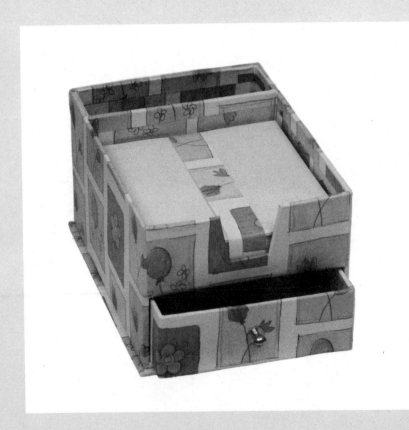

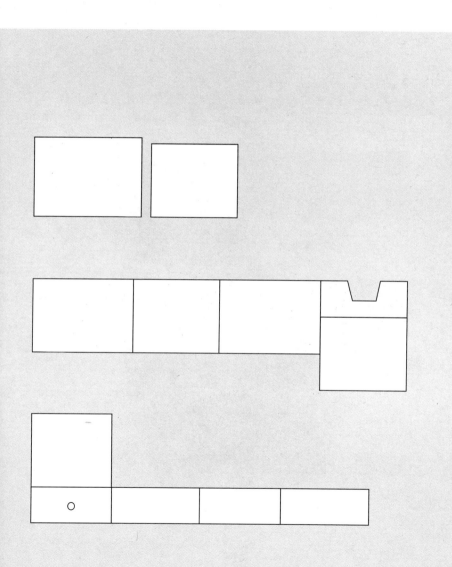

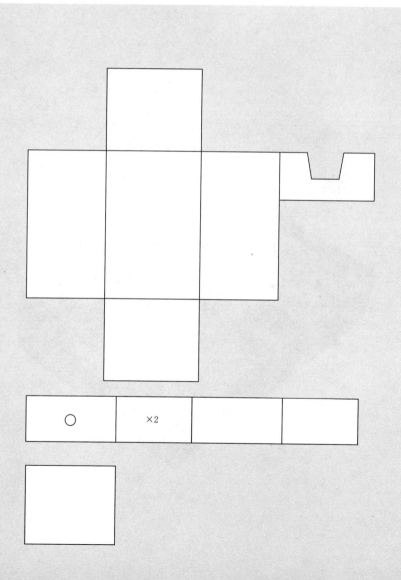

办公用品盒
BAN GONG YONG PIN HE

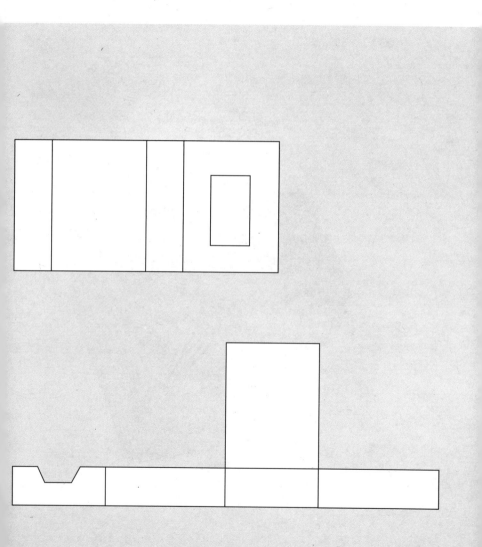

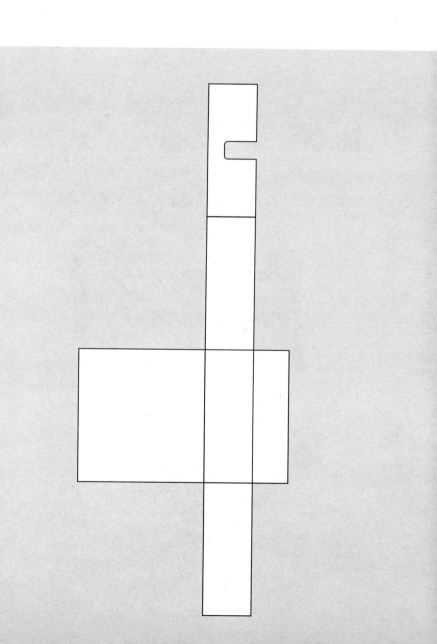

办公用品盒

BAN GONG YONG PIN HE

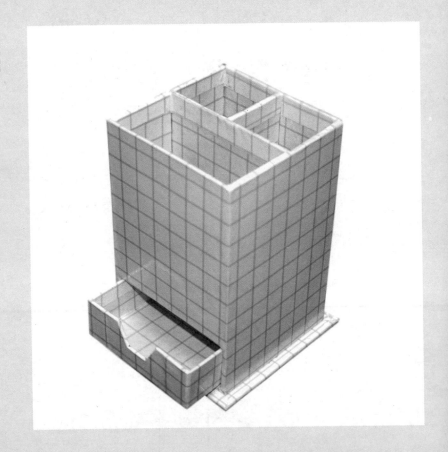

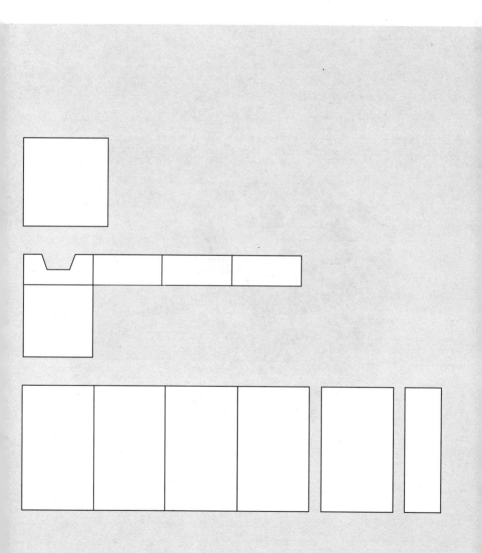

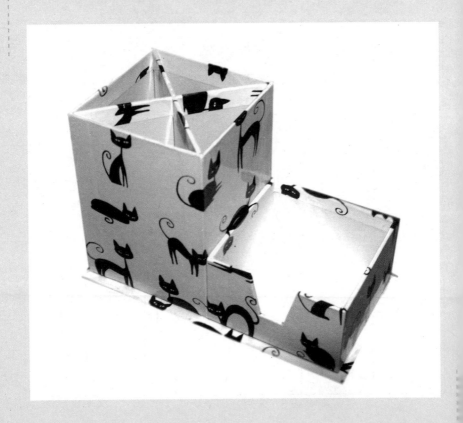

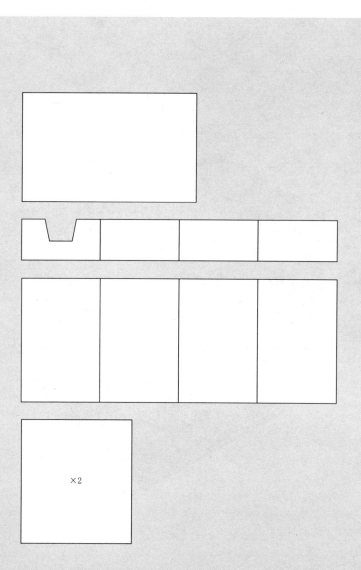

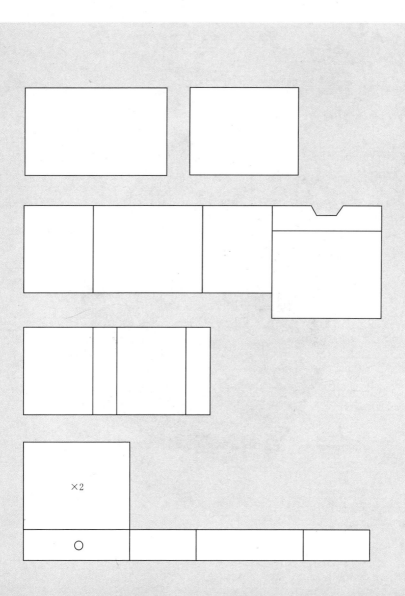

办公用品盒
BAN GONG YONG PIN HE

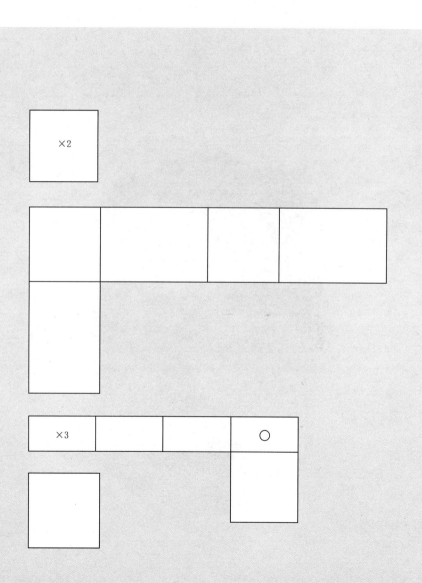

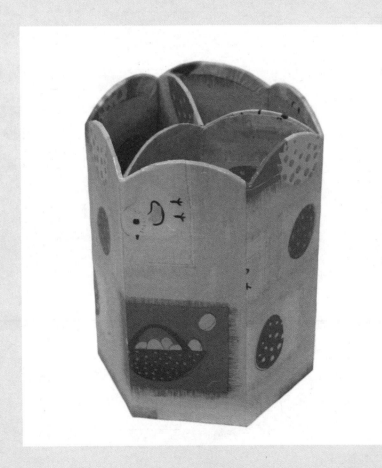

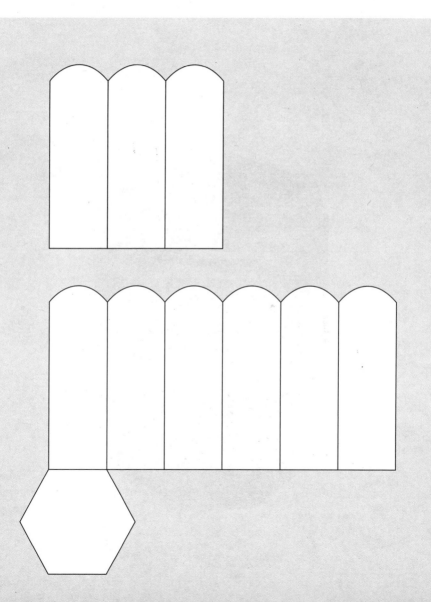

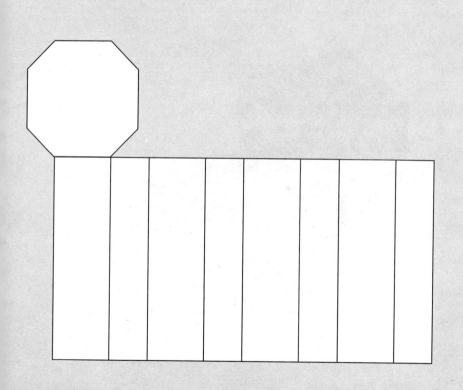

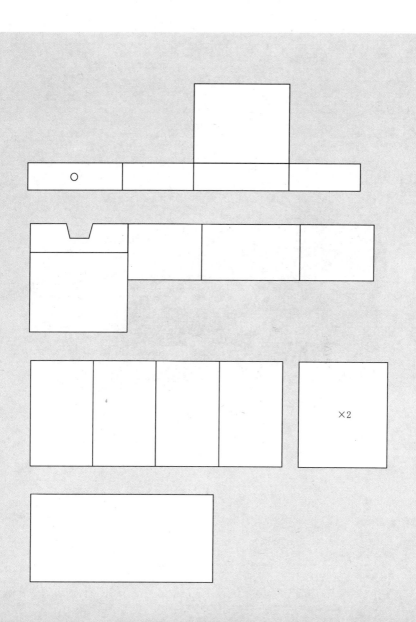

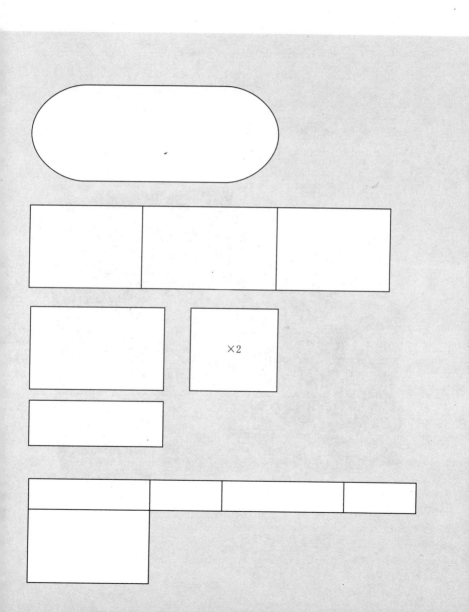

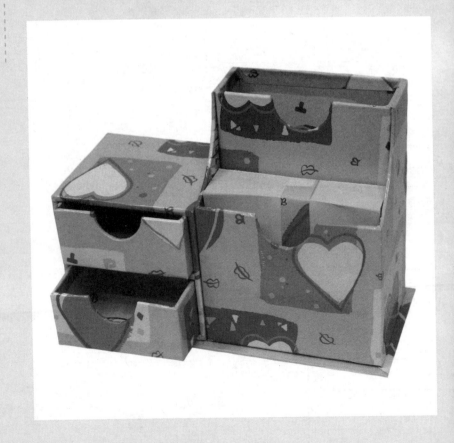

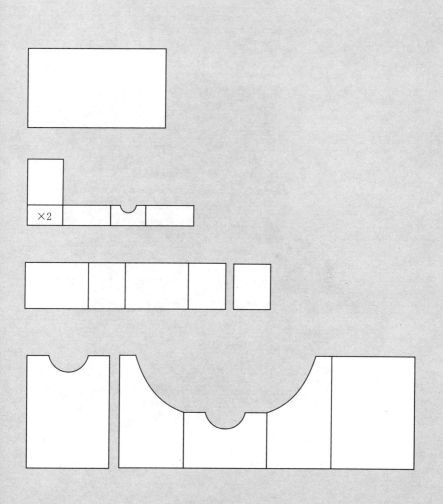

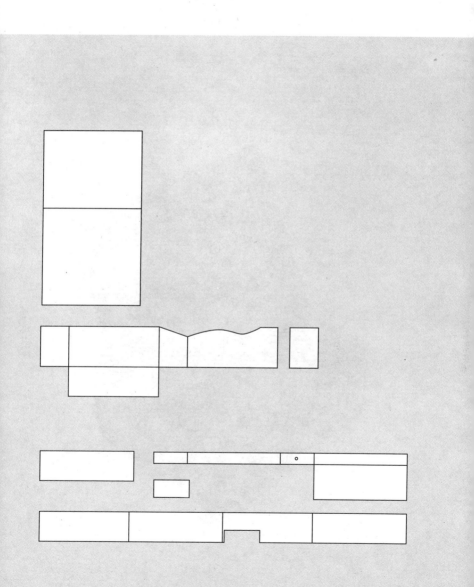

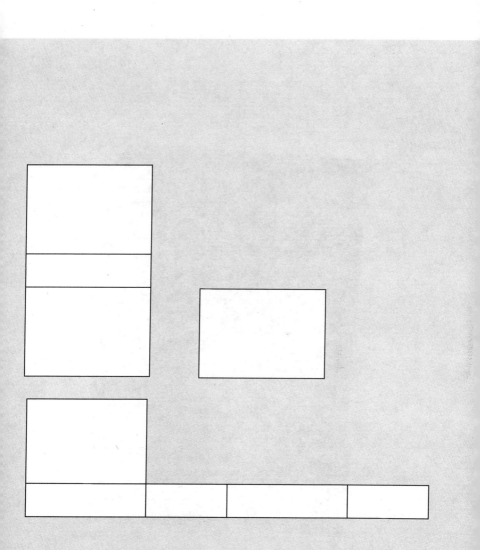

×3

×2

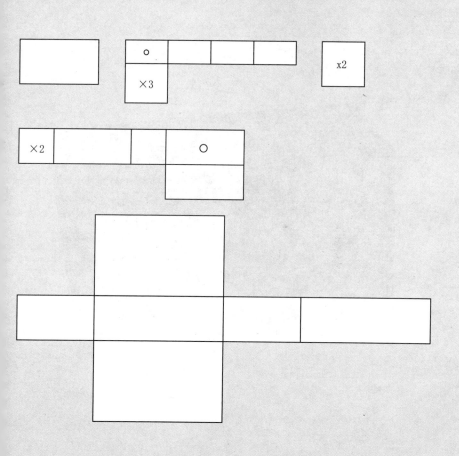

办公用品盒

BAN GONG YONG PIN HE

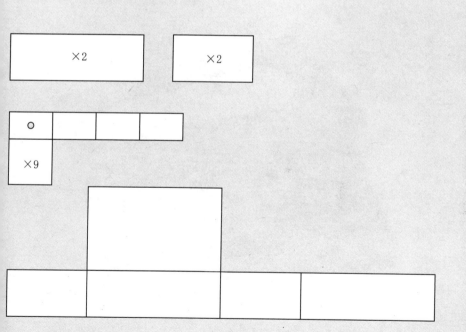

办公用品盒

BAN GONG YONG PIN HE

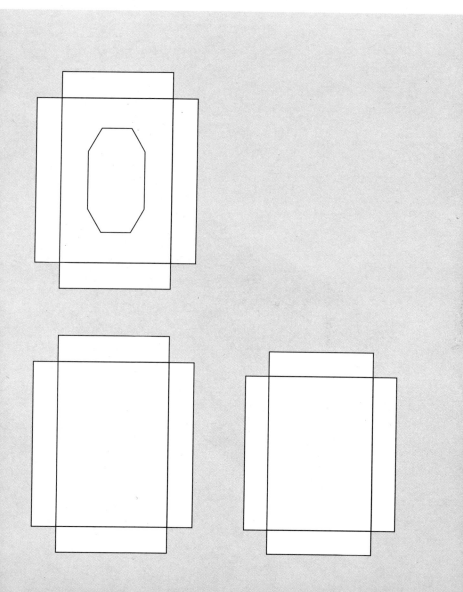

办公用品盒

BAN GONG YONG PIN HE

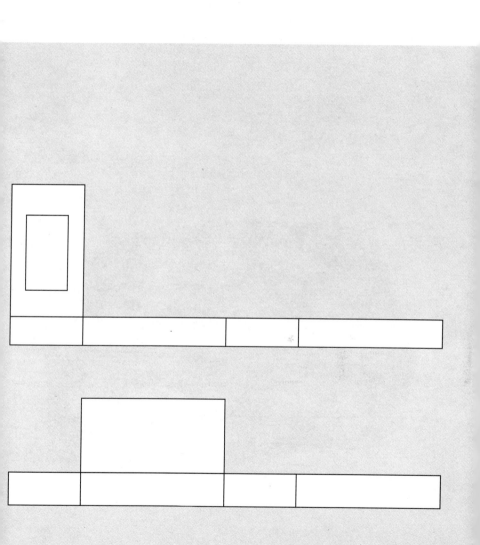

办公用品盒
BAN GONG YONG PIN HE

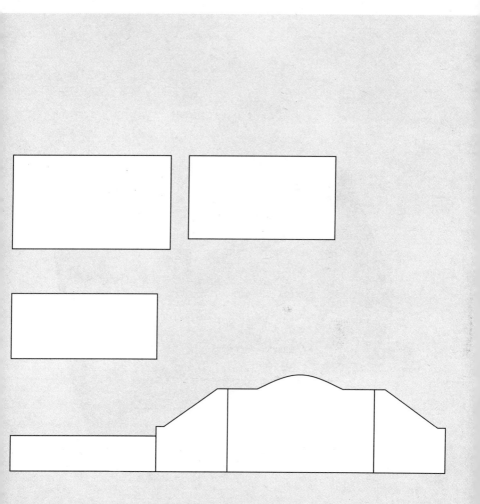

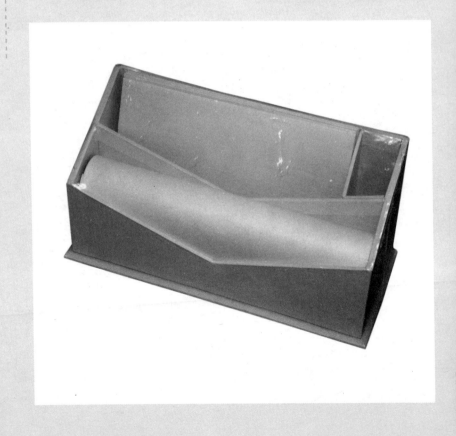

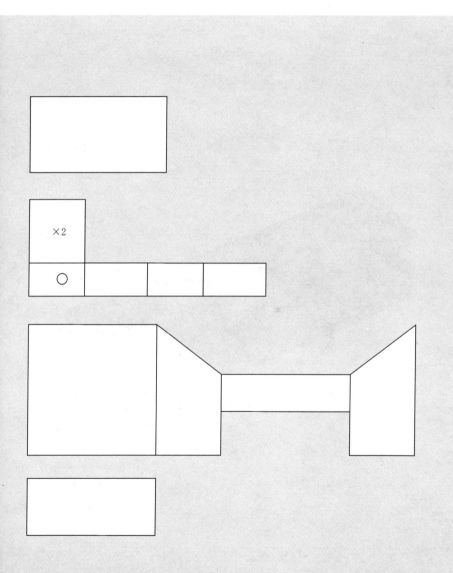

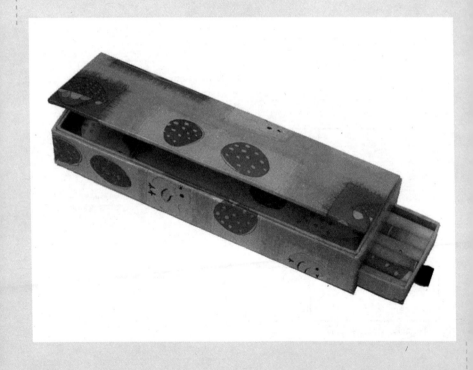

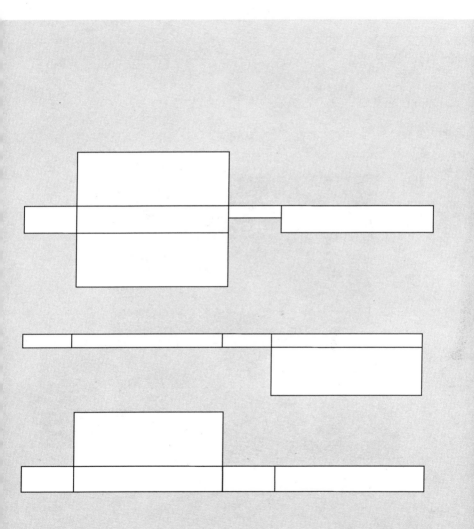

办公用品盒

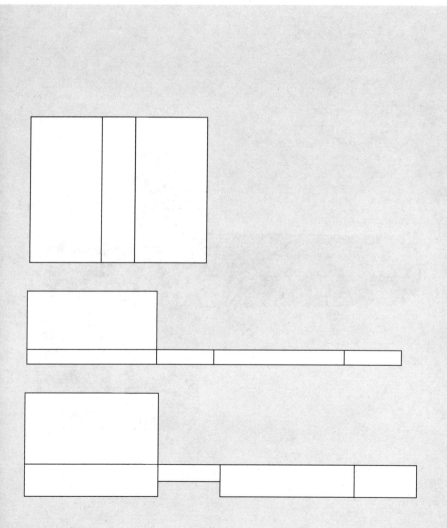

办公用品盒
BAN GONG YONG PIN HE

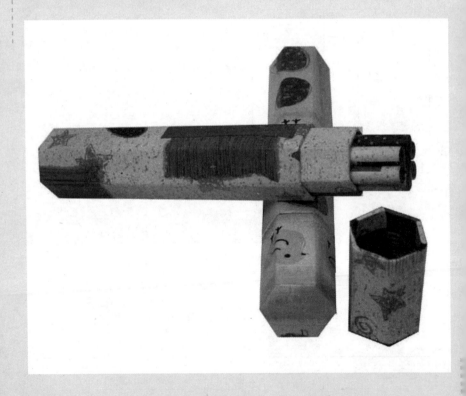

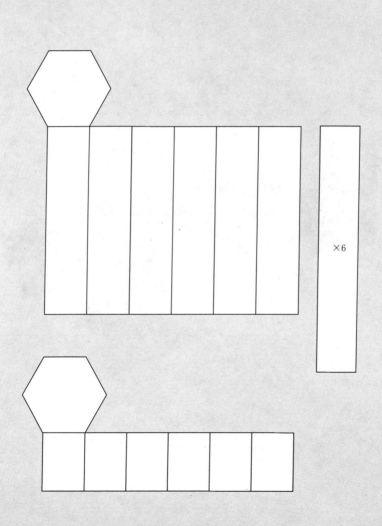

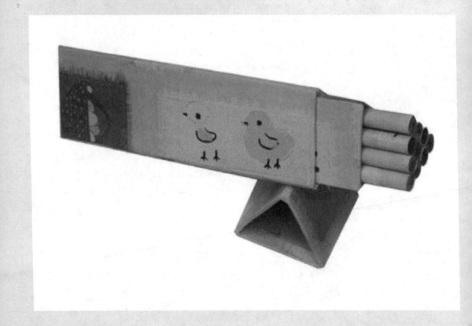

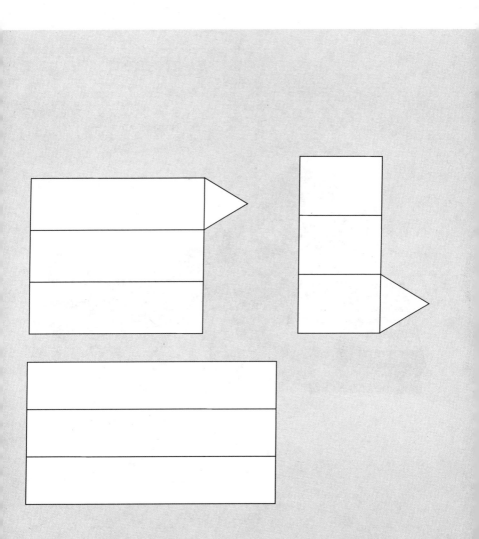

办公用品盒

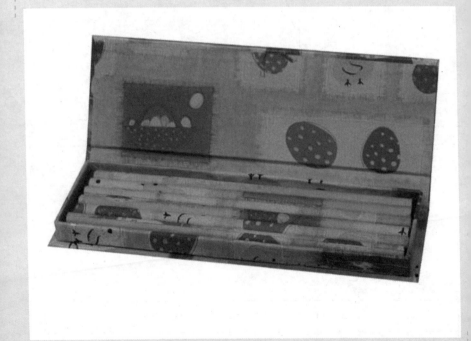

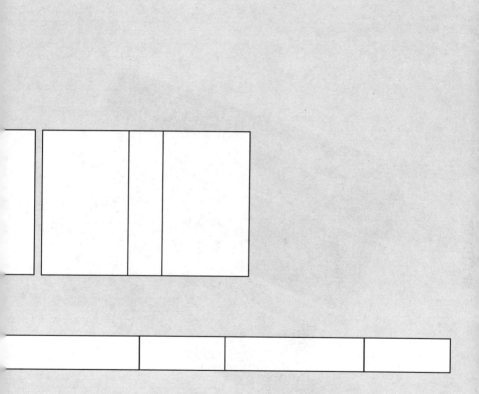

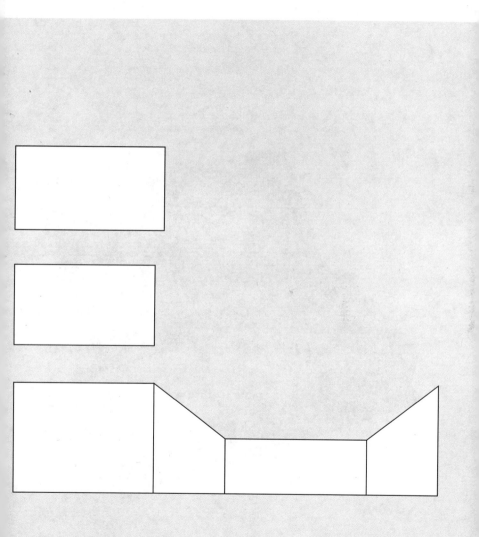

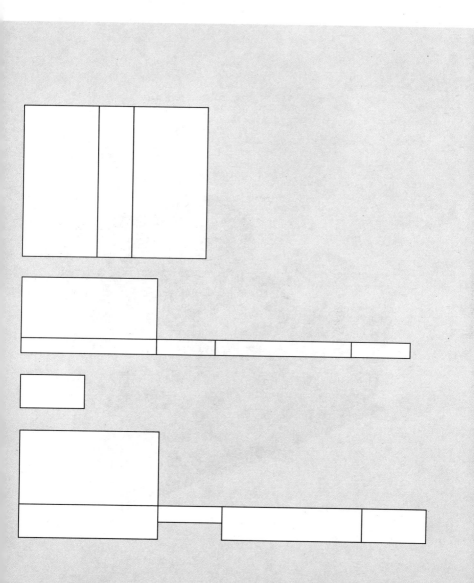

办公用品盒
BAN GONG YONG PIN HE

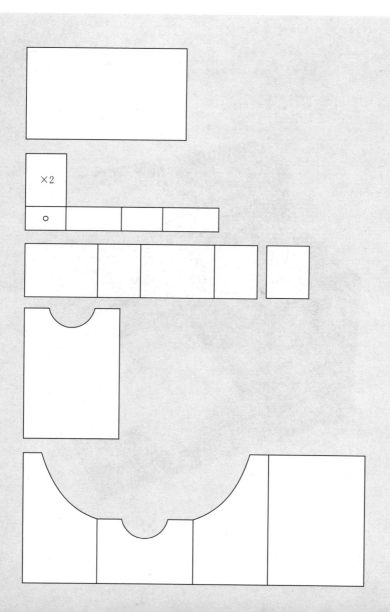

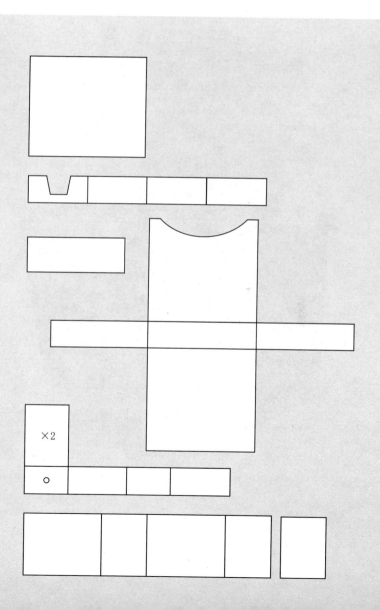

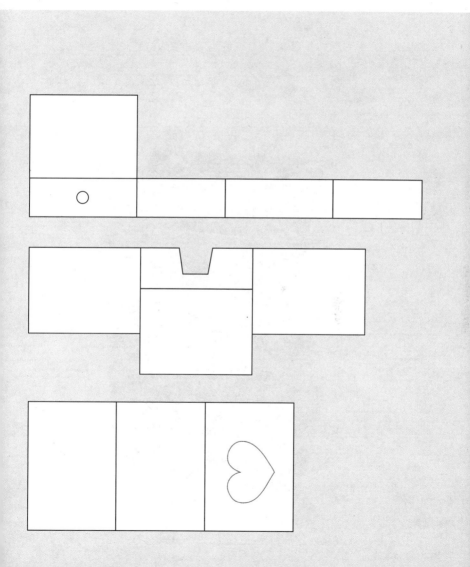

办公用品盒

BAN GONG YONG PIN HE

×2

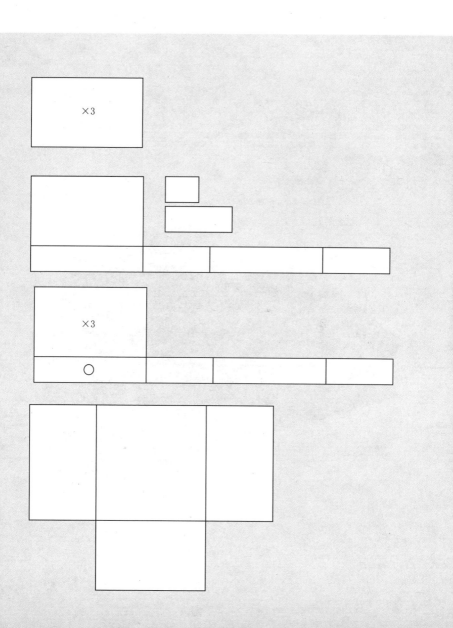

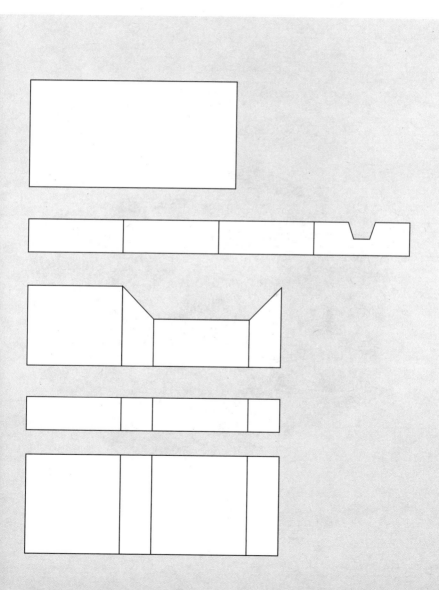

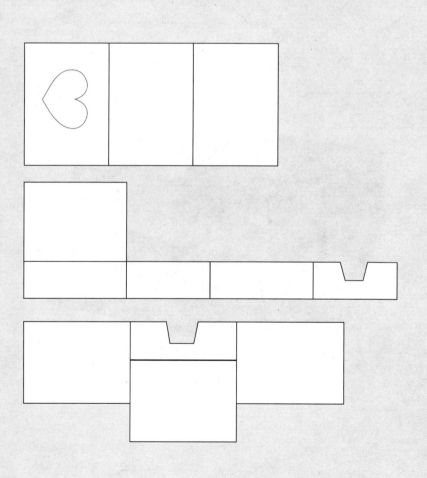

办公用品盒

BAN GONG YONG PIN HE

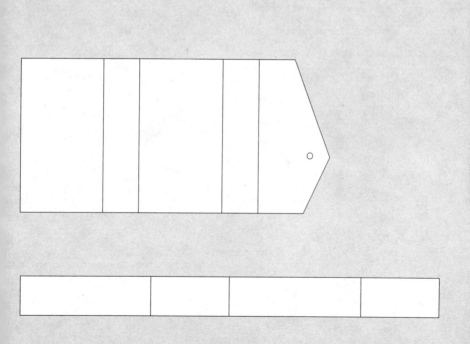

化妆用品盒

huazhuangyongpinhe

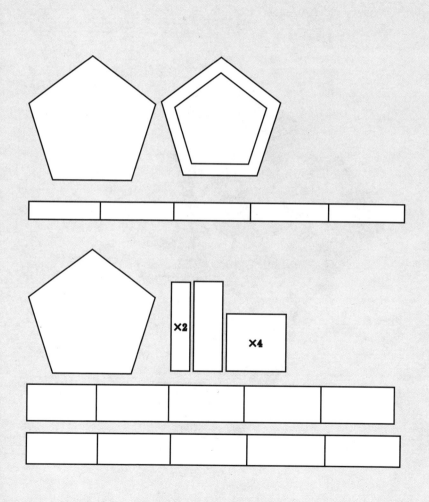

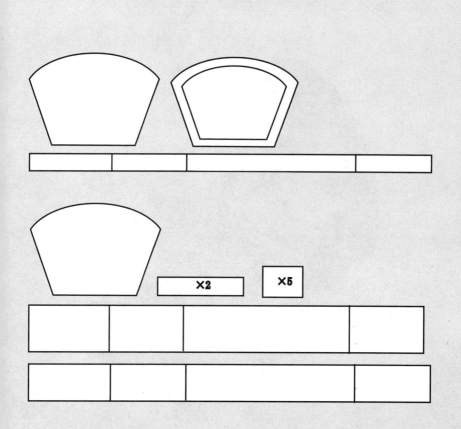

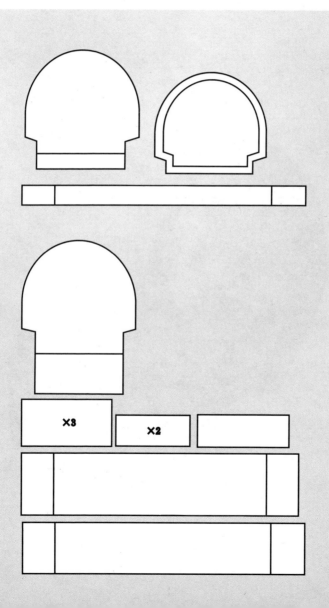

化妆用品盒
HUA ZHUANG YONG PIN HE

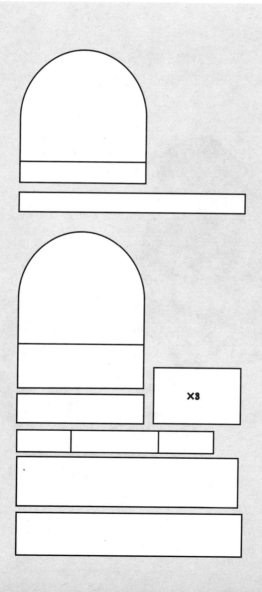

化妆用品盒
HUA ZHUANG YONG PIN HE

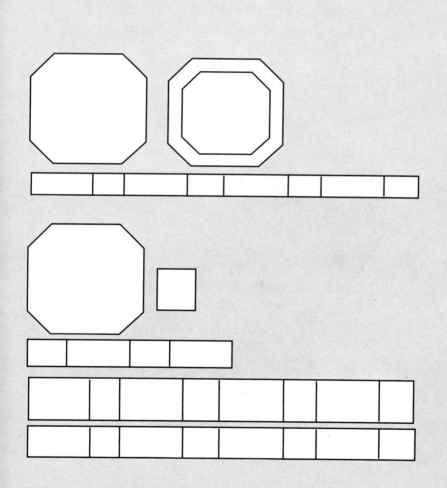

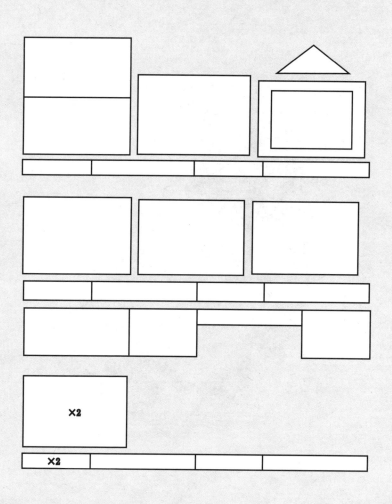

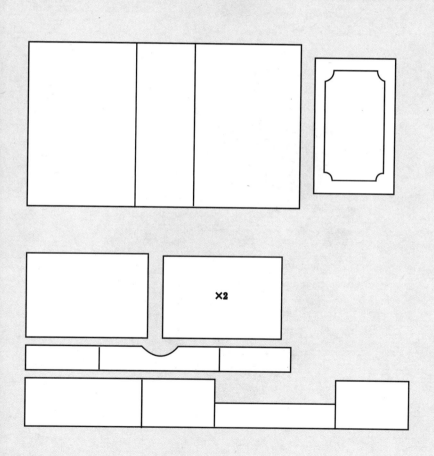

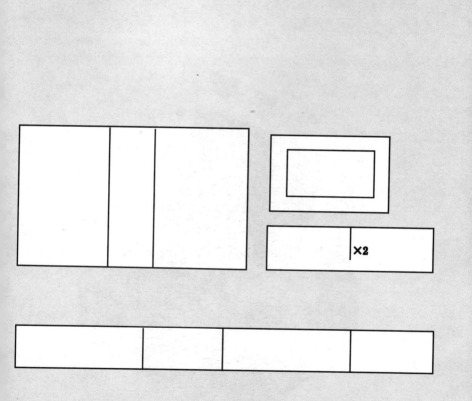

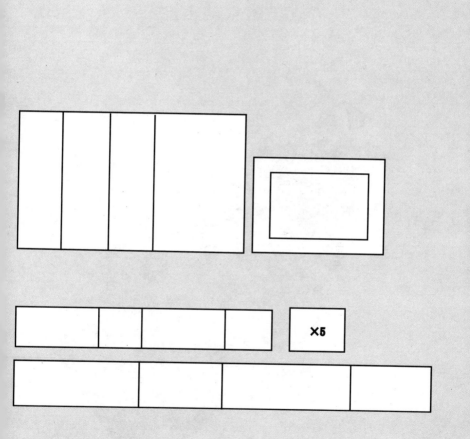

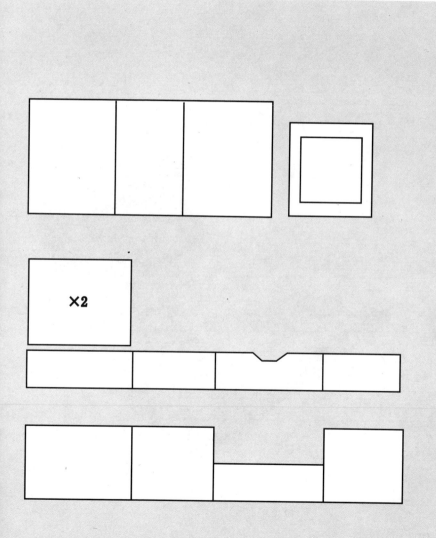

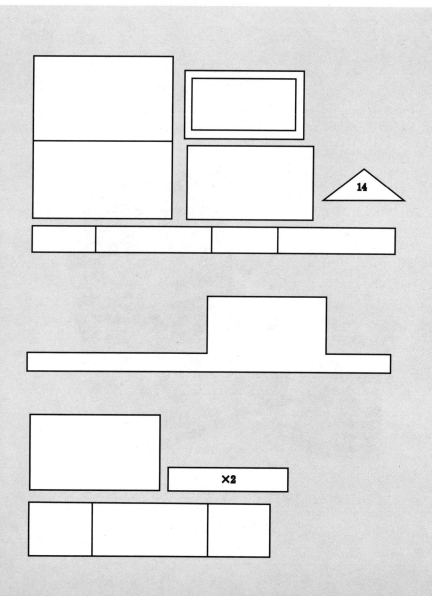

化妆用品盒
HUA ZHUANG YONG PIN HE

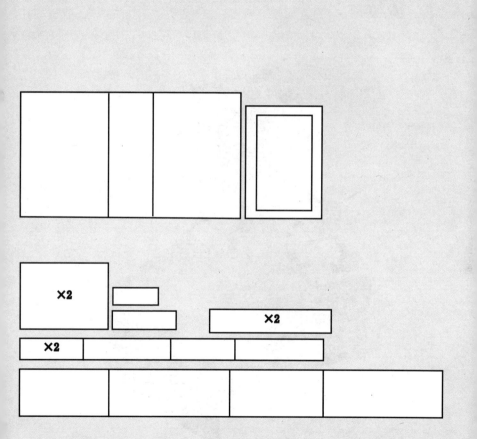

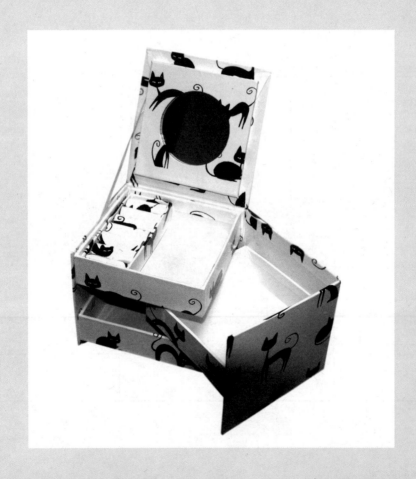

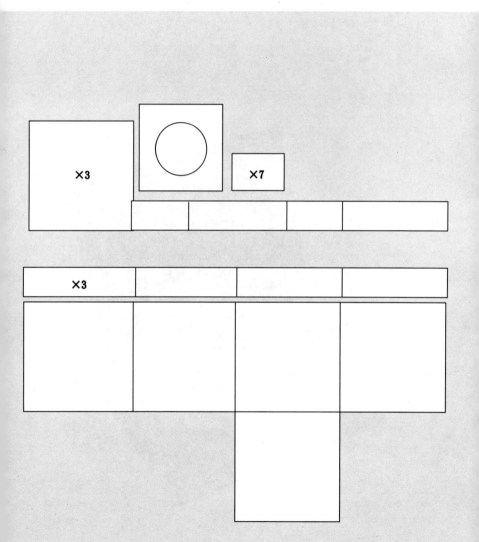

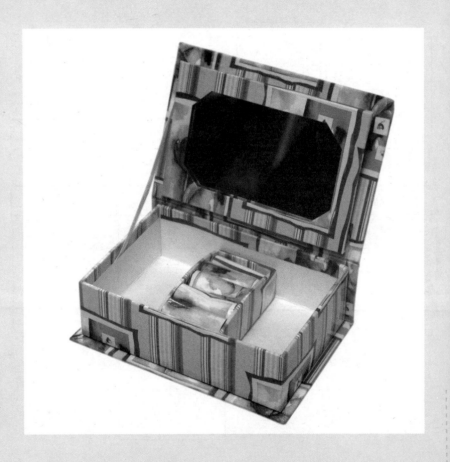

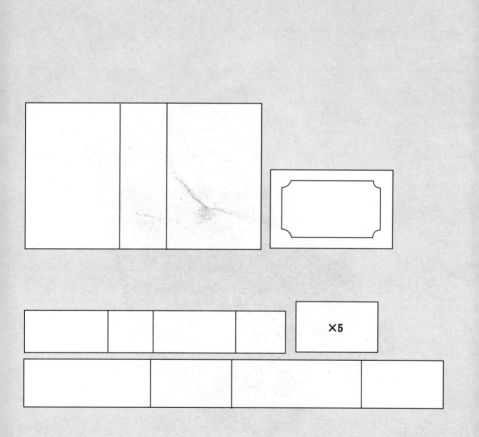

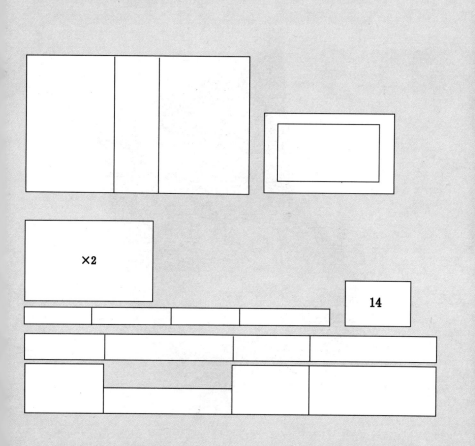

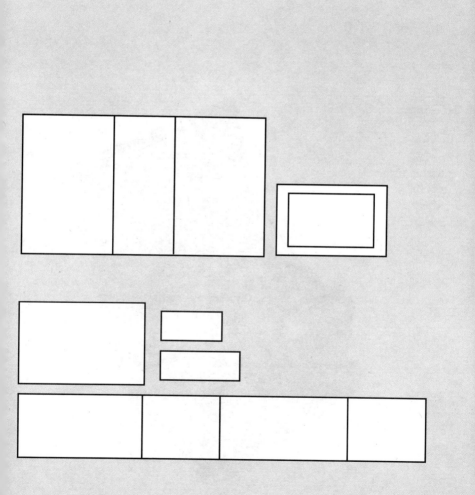

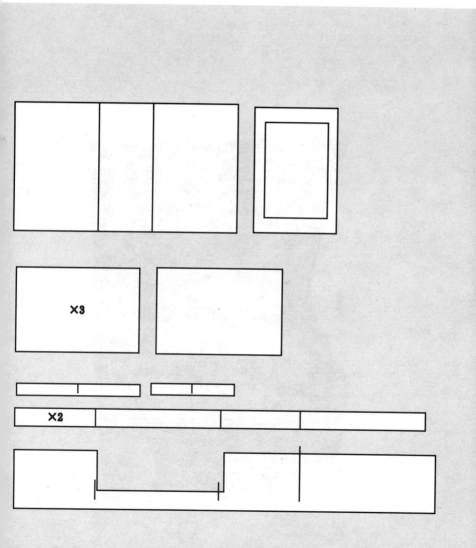

化妆用品盒

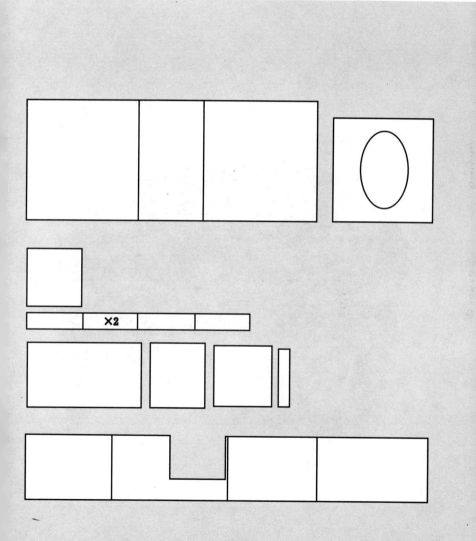

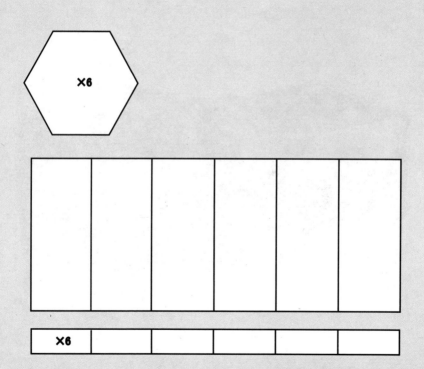

化妆用品盒
HUA ZHUANG YONG PIN HE

×4

×4

化妆用品盒
HUA ZHUANG YONG PIN HE

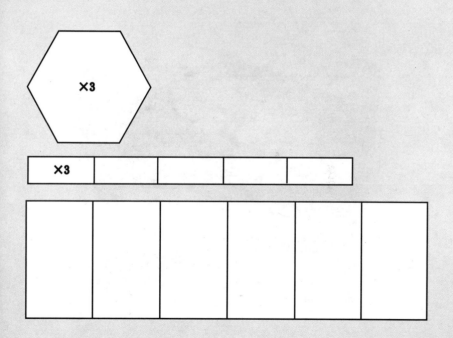

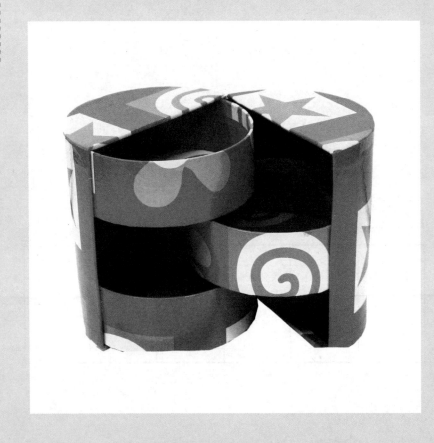

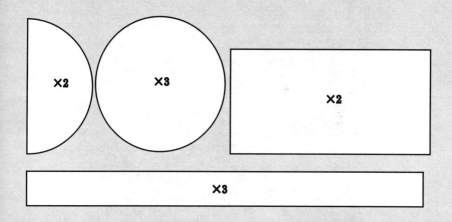

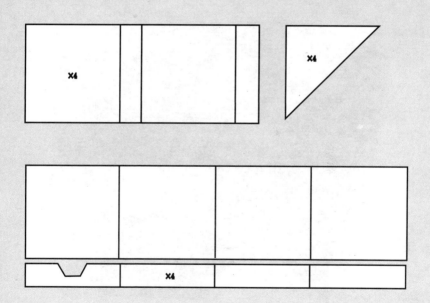

化妆用品盒
HUA ZHUANG YONG PIN HE

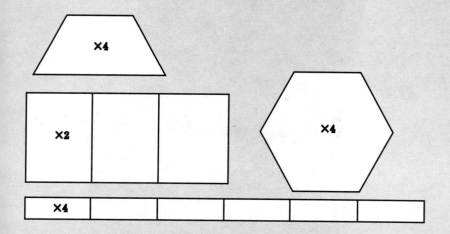

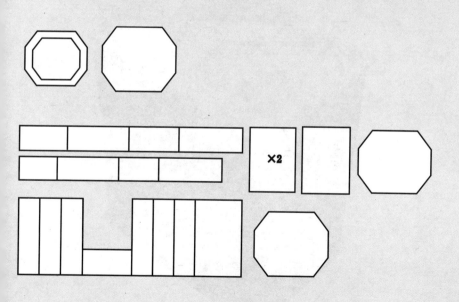

化妆用品盒
HUA ZHUANG YONG PIN HE

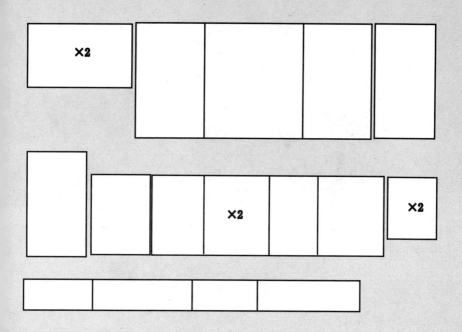

×2

×3

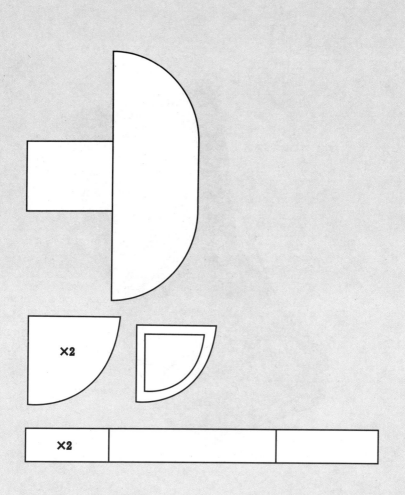

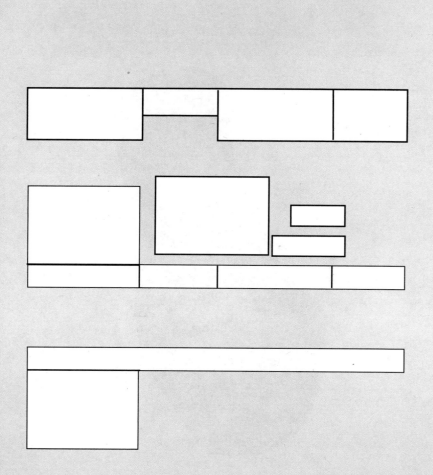

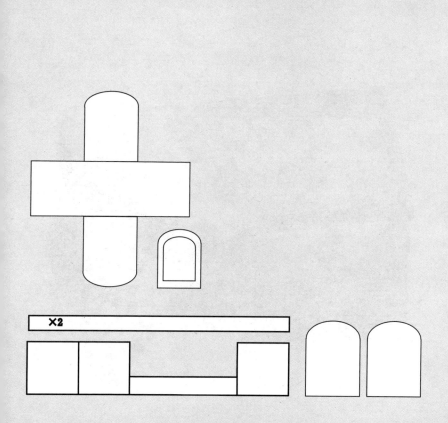

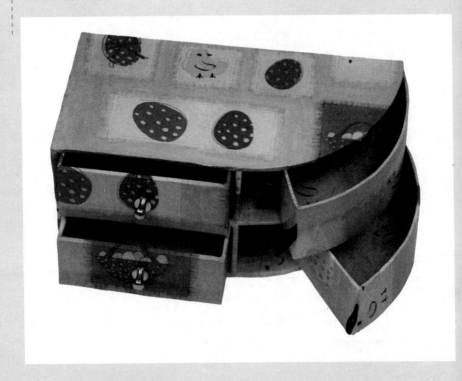

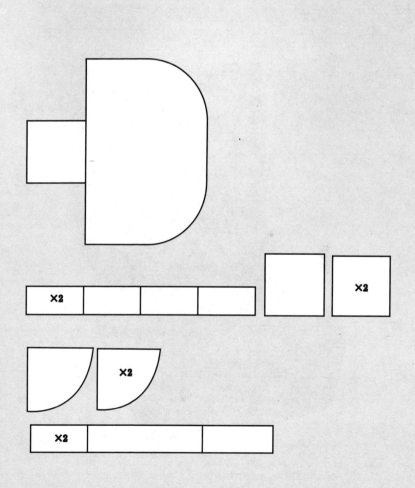

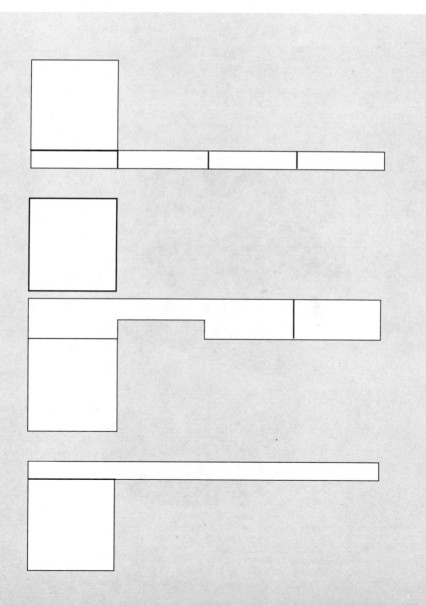

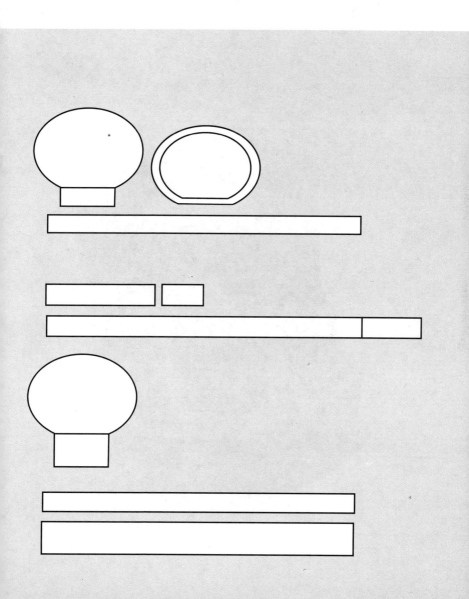

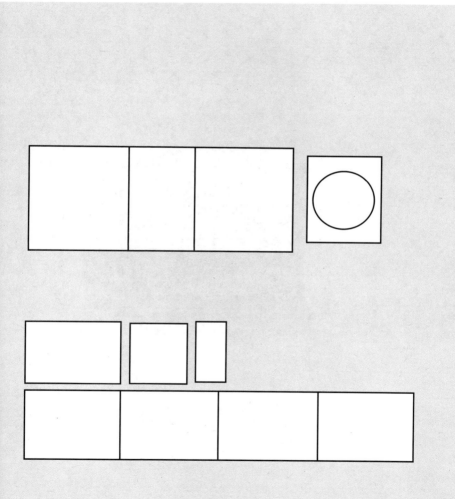

化妆用品盒

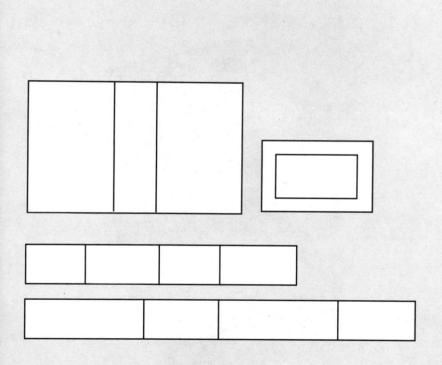

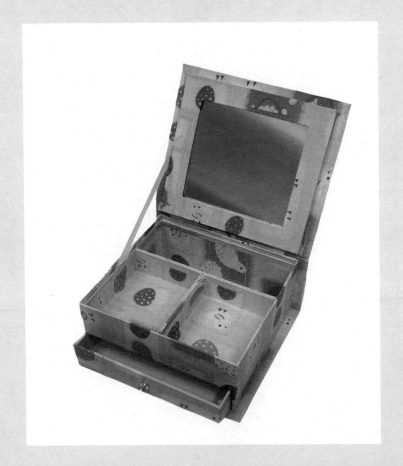

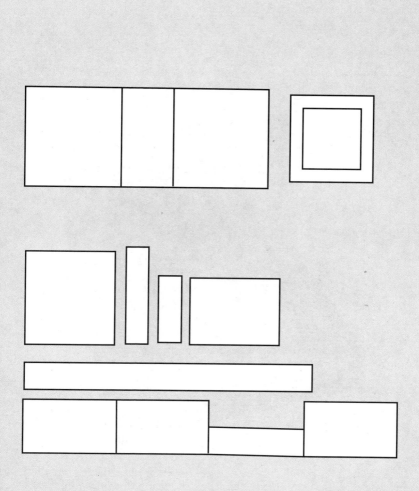

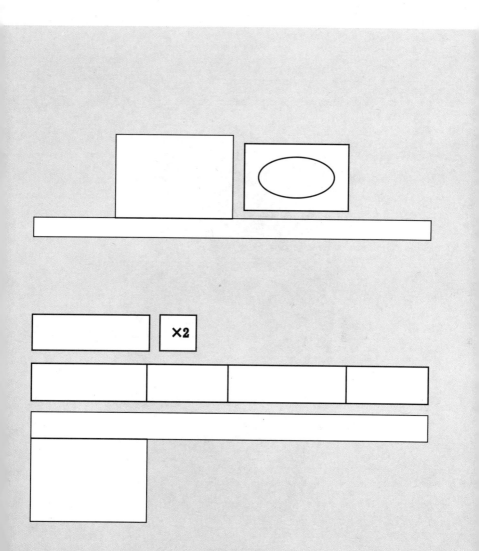

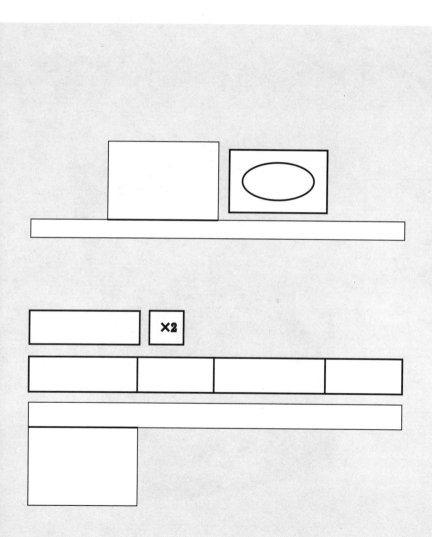

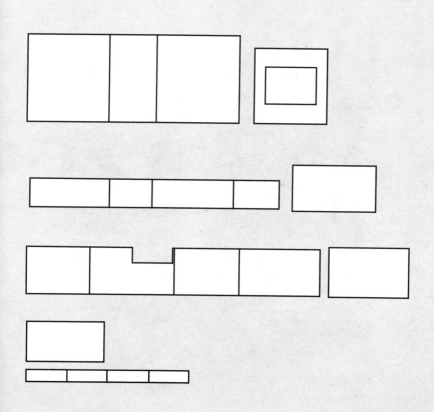

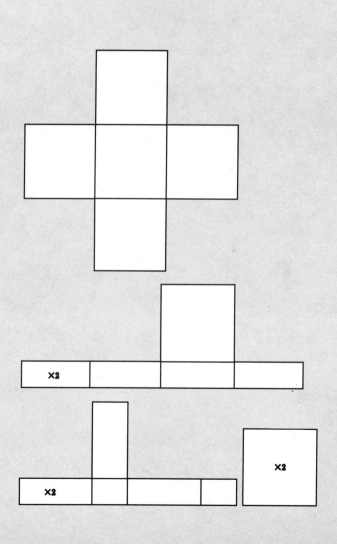

礼品包装盒

礼品包装盒
LI PIN BAO ZHUANG HE

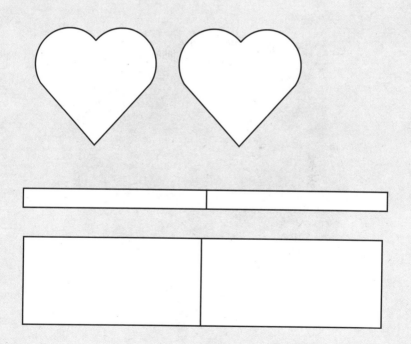

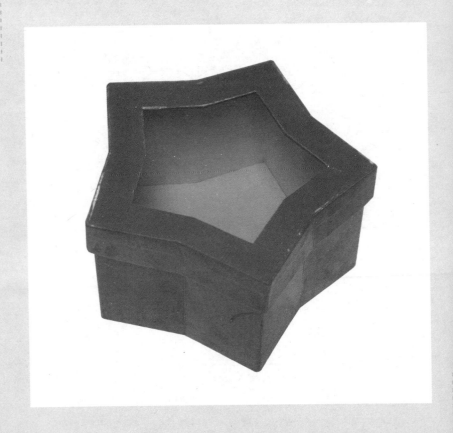

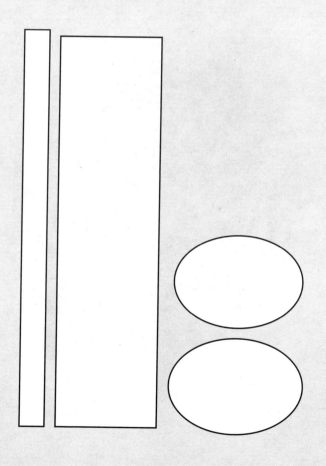

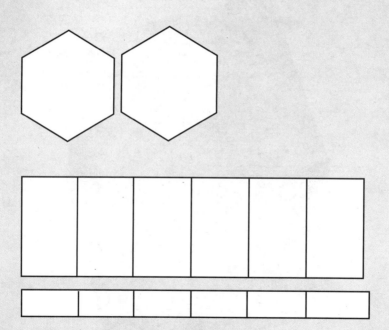

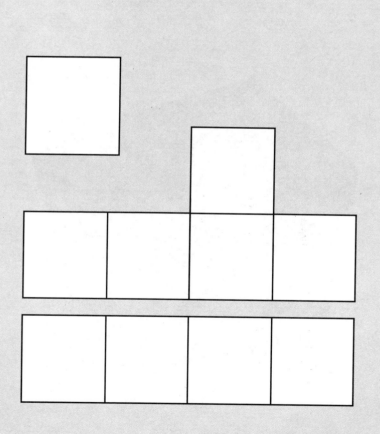

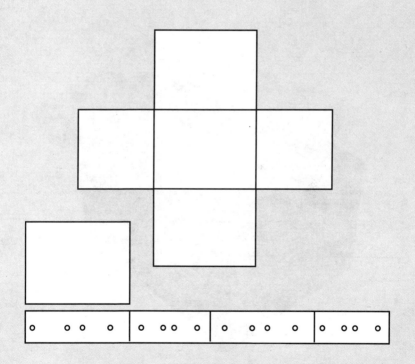

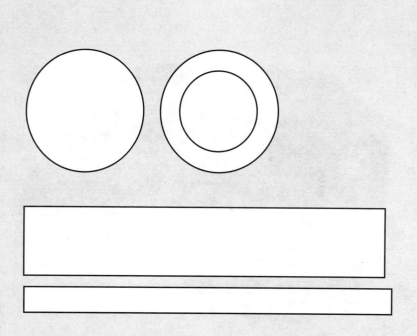

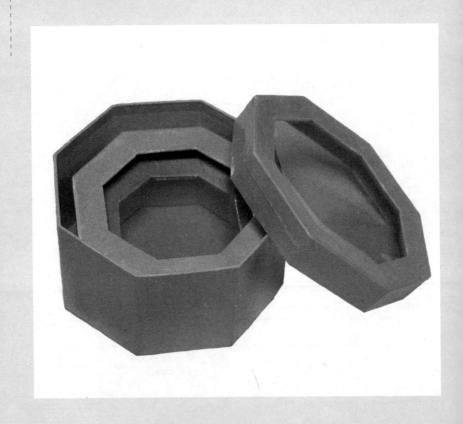

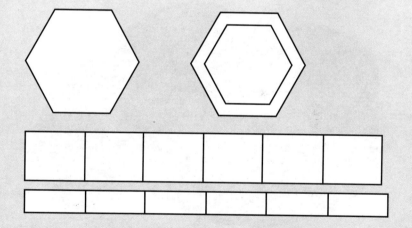

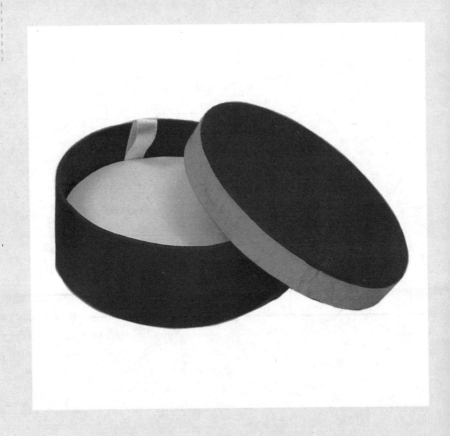

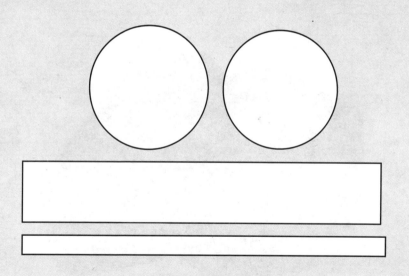

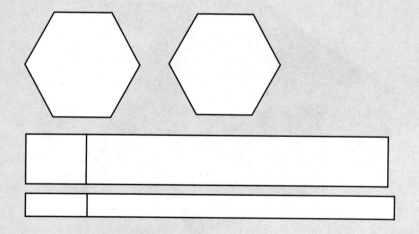

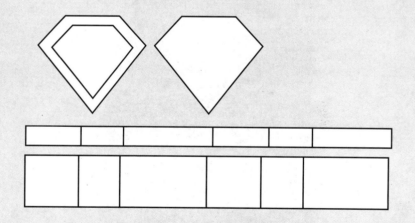

礼品包装盒
LI PIN BAO ZHUANG HE

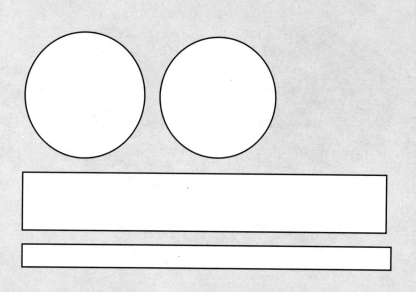

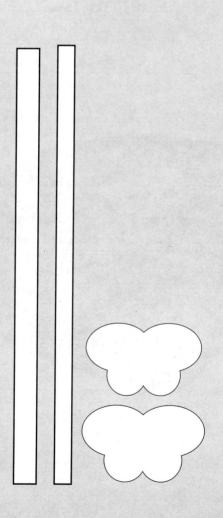

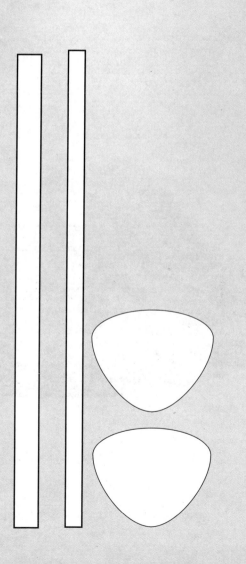

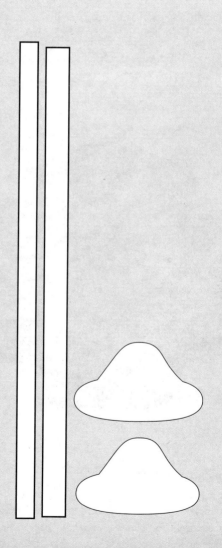

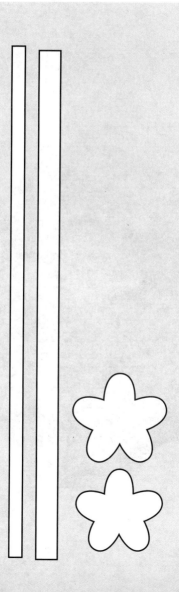

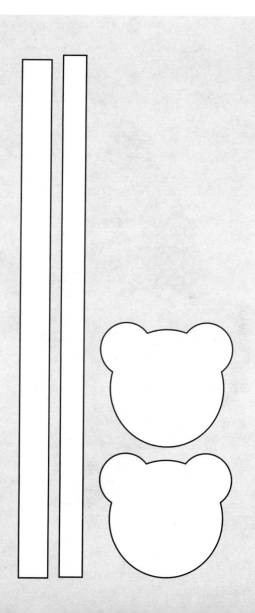

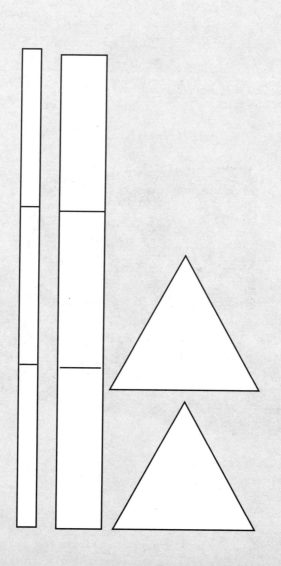

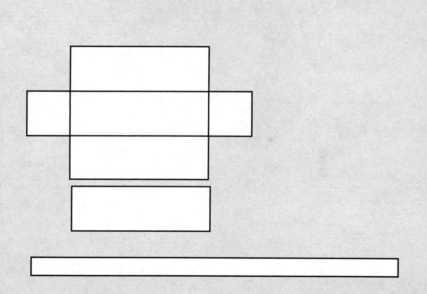

生活用品盒

生活用品盒

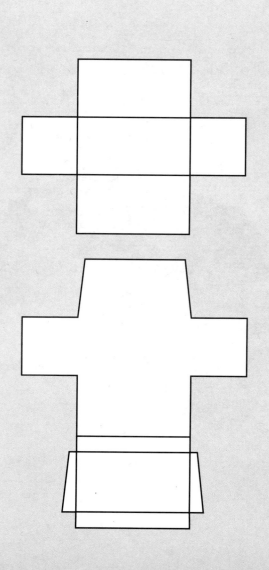

生活用品盒
SHENG HUO YONG PIN HE

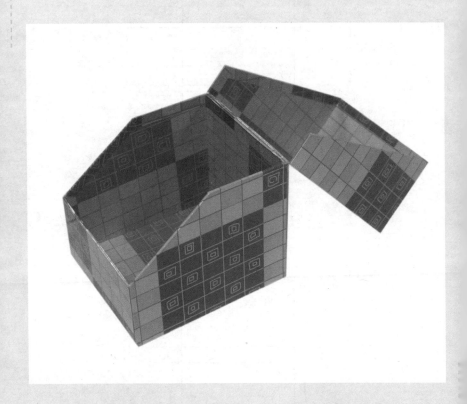

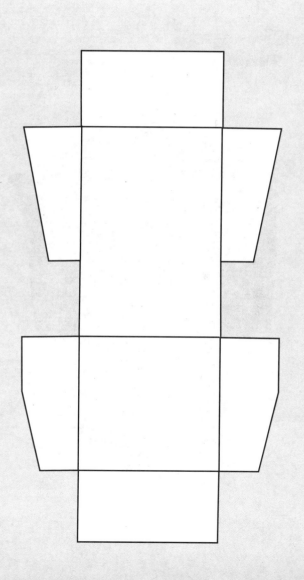

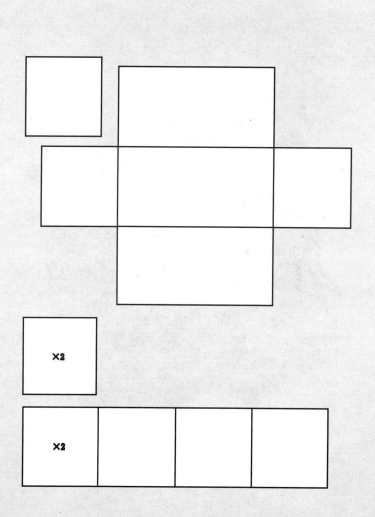

生活用品盒
SHENG HUO YONG PIN HE

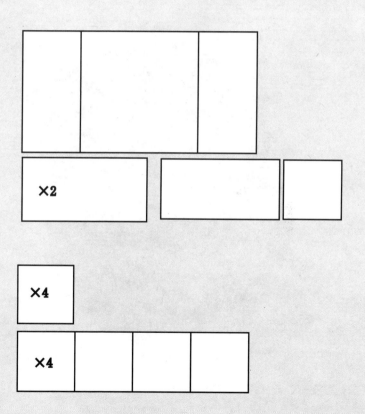

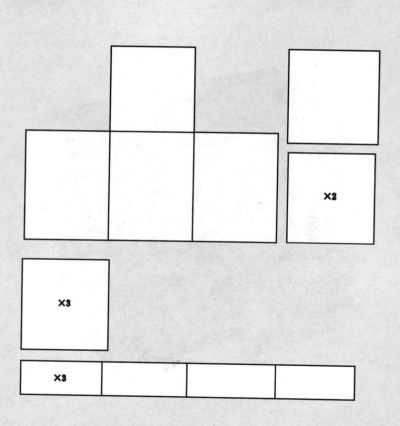

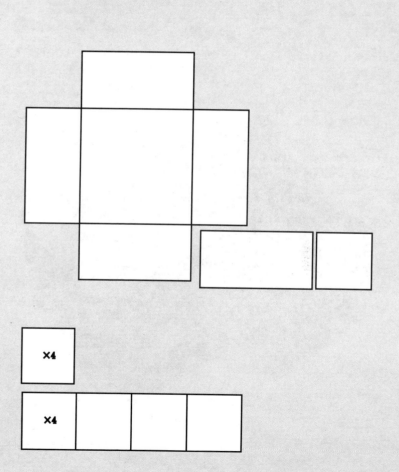

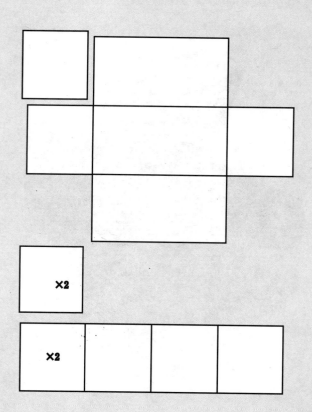

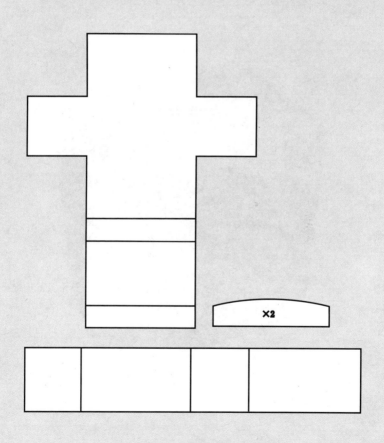

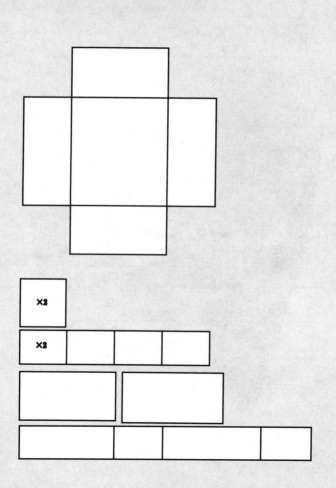

生活用品盒
SHENG HUO YONG PIN HE

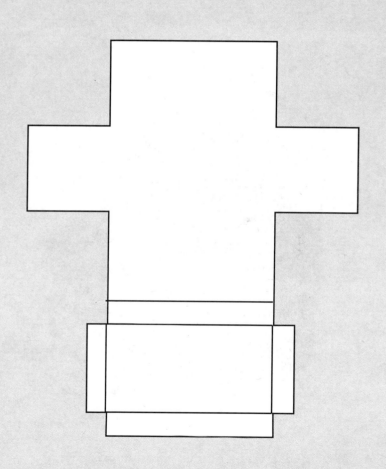

生活用品盒
SHENG HUO YONG PIN HE

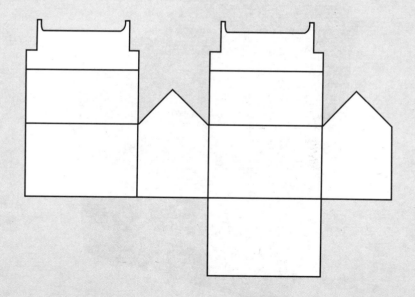

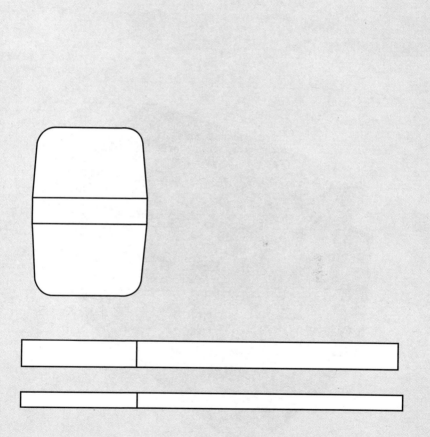

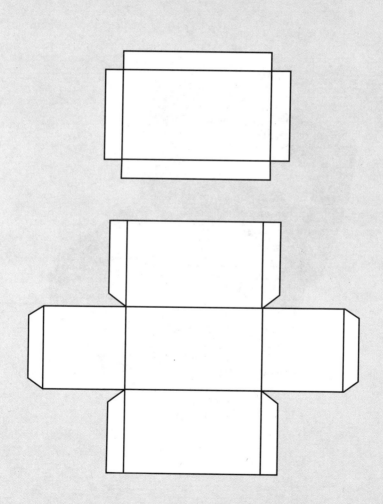

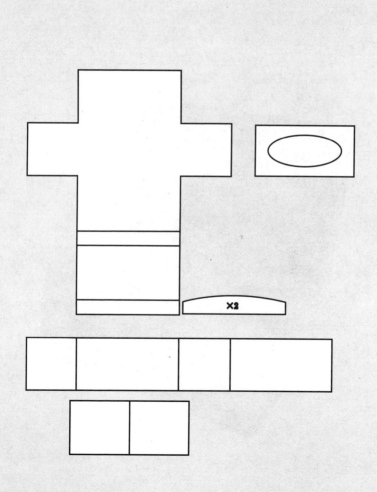

×2

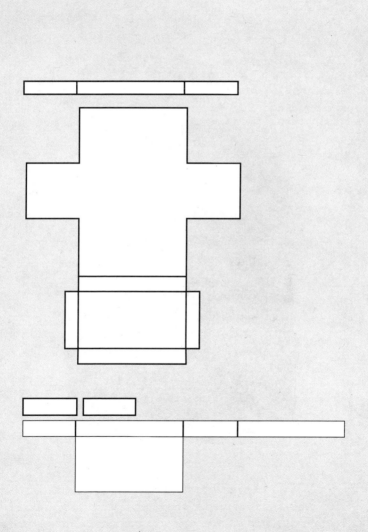

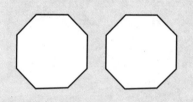

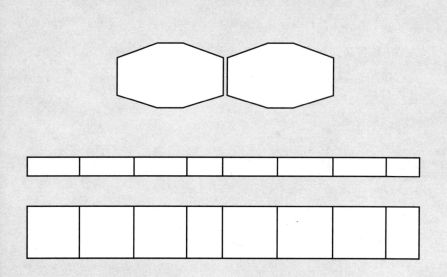

对于一个做设计的人来说，不仅要关心设计本身，更应关注生活的本质。只有对生活有体验和感悟，设计才会变得有趣，因为设计就是生活。设计全部意义就在于为了人的衣、吃、住、行创造更多更好的方式。热爱生活，设计才有意义。

借本书出版之际，以表我对设计与生活的理解，愿与同仁们分享和交流。同时，还要由衷地感谢辽宁美术出版社的领导和同仁们给予的支持和帮助，特别要感谢光辉女士给予的信任和鼓励，使本书得以顺利地完成。再一次的感谢。

邵连顺

2008年1月于大连

ENDINGWORD 后记